ESSAI

SUR DIVERS AVANTAGES QUE L'ON POURROIT RETIRER DE

LA COTE DE LANGUEDOC,

rélativement à la Navigation & à l'Agriculture.

PAR M. DE BARTHÉS,

Seigneur de Marmorierés, Membre de la Société Royale des Sciences de Montpellier, & de la Société Oeconomique de Berne, &c.

ESSAI

Sur divers avantages qu'on peut retirer de la Côte de la Province de Languedoc, rélativement à la Navigation & à l'Agriculture.

LA ville de Narbonne étant comme le centre de ce qui fait le sujet de cet Essai, c'est elle principalement & son diocese que nous y envisageons, avec d'autant plus de raison, qu'elle & sa côte sont la partie de cette Province la plus susceptible de grands & utiles changemens.

Son canal, unique monument de son ancienne splendeur, quoique à charge de plus en plus à ses habitans & inutile au public, depuis la confection de celui qui joint les deux mers, conserve encore l'heureuse ressource de pouvoir lui rendre son ancien lustre. Nous touchons à ce tems, puisque la jonction de ces deux canaux, si désirée & reconnue utile de toutes parts, va être enfin ordonnée. Elle sera le débouché à la mer le plus court & pourra jouir d'une navigation continue, tandis qu'elle est arrêtée souvent pour les autres dans les tems les plus prétieux au commerce. La branche du canal, qui traversera le Roussillon & qui en dépend, pourra être accordée aux desirs de cette province & l'on pourra former sur sa route un port heureux (*a*).

Le débouché du canal de Narbonne est le Grau de la Nouvelle, qu'on peut bonifier par les trois moyens suivans. Le premier a fait naître quelques réflexions concernant les Graux d'Aude, du Roy & le port de Cette. On

(*a*) Le port de l'Afranqui, auquel l'art a peu à faire pour le rendre le meilleur de la côte de Languedoc.

verra dans le second ce qu'il faudroit faire pour assurer à ce canal une navigation continue, & pour améliorer son Grau. On le rendra meilleur encore par le troisieme, & l'on pourra, 1°. par son secours, rendre praticable & utile le Grau de la Vielle Nouvelle : 2°. approfondir le débouché de ce canal dans l'étang de Sigean, qui en a grand besoin. 3°. On pourra se ménager le moyen de nettoyer le port de l'Afranqui, s'il arrivoit jamais, étant mis en état, qu'il en eût besoin, ou, si étant reconnu susceptible d'être approfondi, on vouloit tenter de le faire. 4°. On pourra s'en servir aussi pour atterrir certains marais, qui sont à droite & à gauche, & engraisser d'autres, qu'on trouve le long de la branche du canal à faire jusques à l'Afranqui. Ce sont les avantages dont nous allons nous occuper dans le chapitre premier.

En profitant de ce qui y sera dit, on verra dans le second chapitre, comment 1°. on pourra engraisser & atterrir, sans danger pour les récoltes, par un nouveau lit de la riviere d'Aude, les atterrissemens qu'elle a faits aux plaines des communautés de Coursan, de Nissan, de Lispignan, de Salles, de Fleuri, en ôter les sels & étendre les atterrissemens de Vendres & de Fleuri.

2°. En faisant une saignée à cette riviere, on pourra atterrir l'étang de Capestang, dont les eaux s'écouleroient dans l'ancien lit de la riviere. Cette saignée pourroit devenir, au moyen de deux ou trois écluses, un canal de navigation, qui du Grau de Fleuri communiqueroit au canal Royal, par la jonction à faire pour celui de Narbonne.

3°. On pourra former ce Grau de Fleuri, qu'on a droit d'espérer de rendre bon & utile.

4°. Une autre saignée à la riviere d'Aude engraisseroit aussi, & sans danger pour les récoltes, les plaines de Cuxae, de Narbonne, de Vinassan & d'Armissan ; on enleveroit les sels & l'on atterriroit l'étang de Gruissan.

La ville de Narbonne n'auroit plus à redouter de périr par les débordemens, & la grande route ne feroit plus fubmergée comme elle l'eft fouvent.

CHAPITRE I.

I. MOYEN.

Tous ceux qui connoiffent la côte de Languedoc, favent que les courants de la mer, qui viennent de l'Eft, l'aggrandiffent, & Maftruc a prouvé dans le premier volume des Mémoires de la Société Royale des Sciences de Montpellier, que la mer s'eft confidérablement reculée en vertu de ce courant, qui repouffe vers la terre les fables que le Rhône & les autres rivieres de cette côte y portent.

C'eft donc ce courant qu'il a fallu combattre pour former les ports & les Graux de cette Province, & qu'il faut combattre fans ceffe pour l'empêcher de les combler. Voyons ce qu'on a fait pour y réuffir : fixons-nous au Grau de la Nouvelle : ce que nous en dirons eft applicable aux autres de cette côte.

J'ai lu un mémoire, accompagné d'un plan rélatif, de l'ingénieur, qui étoit chargé de la conduite des ouvrages de ce Grau, en fous-ordre de l'habile directeur de ces ouvrages, adreffé à M. le Goux de la Berchefe, Archevêque de Narbonne, pour l'inftruire fur le moyen de bonifier ce Grau. Le plan fait voir que CD, ON fig. 1. font deux jettées dirigées du Nord-Oueft au Sud-Eft, que la ligne DR repréfente la direction de l'Eft à l'Oueft, felon laquelle courent les courants de la mer, & que la jettée CD, rélativement à ce Mémoire, dépaffe l'autre de 50 à 60 toifes. On voit par-là que les courants de l'Eft font introduits prefque de front dans le Grau, felon la largeur HD, qu'ils paffent dans le chenal (a) & de-là dans l'étang de Sigean, Peyriac &

(a) J'appelle *Chenal*, la partie du canal comprife par la longueur des deux jettées qui forment le Grau.

Bages, ſelon les loix de la réflexion des corps, modifiée ici, à cauſe du refoulement des eaux contre CD, en ce que, au lieu de rendre l'angle de réflexion CDX égal à celui d'incidence RDY, le courant ſuit, dans le Chenal, la ligne CD qui eſt la même du courant des eaux du canal de Narbonne creuſé dans l'étang. Le reſte de la largeur du chenal vers la jettée ON, ne recevant que les eaux mortes du courant de la mer, eſt un banc de ſable qu'elles y ont formé à demeure. Voici maintenant de quelle maniere le mémoire cité appuye le parti qu'on a pris de prolonger la jettée CD de 50 à 60 toiſes plus que l'autre. „ Il eſt néceſſaire, dit-il, pour détourner les ſables, „ de pouſſer les jettées & les moles, de maniere que les courants de la mer, „ qui vont de l'Eſt à l'Oueſt, frappent ces jettées ou moles du côté de l'Eſt, „ afin que, mettant continuellement ces ſables en mouvement, ils ne trou„ vent du repos que derriere les jettées du côté de l'Oueſt. "

L'habile directeur (a) qu'on vient de citer, étoit prévenu cependant qu'il ne falloit pas laiſſer entrer les courants dans les Ports & les Graux de la province de Languedoc; puiſque ſelon l'un de ſes mémoires manuſcrits, qu'il envoyoit à M. de Phelypeaux, il s'en explique ainſi, en parlant du port de Cette. „ Le port de Cette a été mal concerté ; il ne falloit pas attacher les „ moles à la terre, particuliérement celui de l'Eſt, qu'il falloit faire dans la „ mer environ à 200 toiſes devant l'autre, pour couvrir le port du levant. „ C'eſt même le ſeul parti à prendre pour l'améliorer. "

Puiſqu'il eſt certain que ces courants produiſent les mêmes effets ſur toute la côte de Languedoc, il s'enſuit que la raiſon qu'il avoit d'en défendre ce port, avoit la même force pour les Graux.

Pourquoi donc les a-t-on introduits & les introduit-on encore dans les uns

(a) M. de Niquet.

& les autres ? Auroit-on cru reconnoître, malgré le principe adopté, que ces courants entrant de front dans le Grau & se refoulant contre la jettée de l'Ouest, seroient propres à tenir creusée l'entrée du Grau ? C'est ce que nous allons discuter. Quand le courant de l'étang succede, il ne peut reporter à la mer que de trois manieres les sables, qu'elle avoit porté dans le Grau. L'une arrive, lorsque les eaux de l'étang, retournant à la mer, ont la même vîtesse que celles de la mer lorsqu'elle a porté des dépôts. L'autre, quand elles y vont plus vîte; & la troisieme, quand elles y vont moins vîte. Dans ces trois cas, l'observation fait voir que ces courants ne suffisent jamais pour curer l'entrée du Grau aussi profondément qu'il l'est à ses environs, tant dans le chenal que vers le large. En effet, le courant de la mer chargé de sables, ne fût-il jamais plus fort que celui de l'étang, les poussera dans le chenal au point que celui-ci, à son tour, ne pourra les reporter aussi loin vers le large, parce qu'il perdra une partie de sa force, pour vaincre la résistance des dépôts à quitter leur place. C'est pourquoi ils doivent retomber dans le Grau, quoique chassés. A plus forte raison s'arrêteront-ils plus avant dans le Grau, si le courant de l'étang est plus foible que celui de la mer : au lieu qu'ils seront chassés au dehors, plus ou moins, selon le degré de sa force au-dessus de celui de la mer qui les aura introduits. On tire delà l'explication des variations de cette barre, qui se forme, tantôt à l'entrée du Grau, tantôt plus avant, tantôt au dehors plus ou moins, & plus ou moins épaisse & de durée, selon les combinaisons des deux causes qui les forment & qui rendent plus ou moins difficile l'entrée en certains tems & bonne en d'autres.

Il faut conclurre delà, que, s'il étoit possible de ne pas introduire les sables dans le Grau, le courant de l'étang n'ayant à emporter que ceux que cet étang y auroit déposé, seroit bien plus propre à tenir le Grau curé. Ne nous dissimulons pourtant pas la raison dont on peut s'autoriser pour les introduire de front. On dira que les courants de la mer portent ainsi un grand volume d'eau dans l'étang, qui revenant ensuite à la mer, entraînent ces dépôts. Il faudroit supposer, comme on vient de le dire, que ce retour de ceux de l'étang sont suffisans pour les chasser, ce qui n'est pas; car, selon la même observation citée il n'y a qu'un moment. On sait que quand les jettées CD, ON n'étoient prolongées, par exemple, que jusques vers OC; le fonds de la mer tout auprès vers KT étoit bien plus profond qu'à cet endroit : au lieu que les jettées, ayant été prolongées ensuite jusques-là, cet endroit, qui devint l'entrée, fut moins profond. Il en a été de même à tous les points de leur prolongement, à mesure qu'on l'a fait, & il en seroit de même à tous ceux où l'on le feroit aboutir. On doit donc être assuré que, dans l'état actuel des choses, les courans de l'étang ne peuvent jamais chasser entiérement les dépôts, que la mer fait dans le Grau, & qu'il faut par conséquent ne pas y introduire ceux de la mer. Mais parce qu'on ne sauroit l'empêcher, il faut du moins faire ensorte qu'ils n'y entrent que le moins qu'il sera possible. Il n'est pas d'autre moyen que celui de faire le contraire de ce qui a été fait; c'est-à-dire, qu'il faut prolonger la jettée de l'Est plus que celle de l'Ouest. Faisons voir qu'on en aura de bons effets.

On suppose que la jettée ON est prolongée jusques en C. Ce prolongement empêchera que le courant de l'Est, venant de R vers D, entre de front dans le Grau & ne lui permettra d'entrer que latéralement. Or, en ce sens, les eaux y auront bien moins de vîtesse, parce que la mer ne s'enflant que par degrés, & versant de même ses eaux dans le chenal, elles se trouveront aux environs de l'entrée aussi élevées qu'elles le seront au dehors, à tous les momens de leur élévation. C'est pourquoi les sables, du moins la plus grande partie, trouvant de la résistance de la part des eaux dans le chenal, & ne roulant que vers le fonds, ne pourront pas entrer avant dans le Grau : ils seront forcés

forcés de courir en delà des jettées, selon la direction du courant. Il n'y aura que ceux qui s'éléveront vers la surface des eaux, qui toujours petits & en petit volume, par rapport à ceux au dessous, passeront dans le chenal avec les eaux qui s'y épancheront, en vertu du mouvement foible qu'elles auront; de sorte que le peu de ceux qui entreront dans le Grau se déposeront peu en avant, & seront enlevés & chassés facilement vers le large au moindre courant de l'étang.

Il falloit donc prolonger la jettée ON plus que celle OD. En ne la prolongeant, par exemple, que jusques en I, les courants & par conséquent les sables ne s'introduiroient de front dans le Grau que selon la largeur DV & ils ne s'y détourneroient que latéralement, si la jettée ON étoit poussée jusques au point S de la ligne DR, direction du courant de l'Est.

Quoique ces raisons me paroissent convaincantes, pour se déterminer à prendre le parti que nous proposons; nous profitons cependant, pour les faire adopter sans résistance, des preuves qu'on trouve dans l'excellent livre de l'architecture hydraulique, tirées des exemples, plus frappans en ceci que les raisons, qui y sont rapportées.

On lit dans la seconde partie, page 89 de cet ouvrage: „ Mais si la situation des lieux exigeoit que les jettées fussent, par exemple, dans la direction du Sud au Nord, tandis que les marais courroient Nord-Ouest & Sud-Est, il faudroit, en ce cas, faire la jettée de l'Est plus longue que celle de l'Ouest, afin que le courant qui frappera la partie excédente, réfléchissant vers le large, mette cet endroit de la mer dans une espece d'équilibre: ce qui donnera aux vaisseaux la facilité d'enfiler le chenal pour gagner le port. S'il arrivoit cependant que le cours des marées eût une direction contraire à la précédente, c'est-à-dire, qu'elle allât du Sud-Est au Nord-Ouest, l'on sent bien qu'alors il faudroit prolonger la jettée d'Ouest".

L'auteur s'eſt trompé dans ce raiſonnement ; car on voit, fig. 2, que, quand les marées courent du Nord-Oueſt au Sud-Eſt, elles ne peuvent pas ſe réfléchir vers le large, quoiqu'elles frappent la partie excédente AC de la jettée BC, comme le ſuppoſe l'auteur ; mais, au contraire, dans le chenal DEBAC comme cela ſe fait au Grau de la Nouvelle : au lieu que cela eſt vrai lorſque les marées courent du Sud-Eſt au Nord-Oueſt. Car alors frappant la partie excédente & ponctuée EF de la jettée de l'Oueſt, elles ſe réfléchiſſent au-delà de F vers le large. De cette maniere les ſables ſont renvoyés à la mer à meſure qu'ils choquent cette partie EF, & il n'en entre que peu dans le chenal, tandis qu'ils y ſont portés preſque en plein quand les marées courent ſelon l'autre direction. C'eſt le même raiſonnement à faire en ſuppoſant l'entrée du port au Sud-Eſt, avec cette différence, que le courant venant de Nord-Oueſt ſe réflechira vers le large, ainſi que l'a dit l'auteur, & qu'il ſe réfléchira dans le chenal, quand il viendra du Sud-Eſt.

Nous devons remarquer que le refoulement des eaux, qui ſe feroit dans l'un & l'autre cas contre la partie excédente de la jettée, cauſeroit des dépôts dans le Grau : car, malgré la réflexion qui ſe fait vers le large, il n'eſt pas moins certain que l'élévation des eaux contre cette jettée doit produire en même tems un courant vers le côté oppoſé, mais foible par rapport à l'autre. Ce qui eſt cependant une raiſon de plus pour ſe déterminer à ne permettre, dans aucun cas, l'entrée du courant, que latéralement, à moins qu'on n'y ſoit obligé par la diſpoſition des lieux ou d'autres circonſtances, auxquelles on ne peut éviter de ſe conformer.

Ce que nous venons de remarquer, contre le raiſonnement de l'auteur, ne doit pas empêcher de conclure, qu'il faut détourner, dans tous les cas, les ſables, de gagner le chenal, lorſqu'on veut bonifier un Grau ou un Port, puiſqu'il en prouve la néceſſité dans la même partie de ſon ouvrage, par l'exemple tiré du port de Bayonne, en disant page 125, qu'après un mûr examen fait sur les lieux par des personnes capables de décider quelle devoit être la direction à donner aux jettées de ce port, on se détermina pour celle de l'Ouest-Nord-Ouest, fig. 3. & ensuite page 129 & suivante. „ En „ supposant qu'on eût à conduire l'une des jettées plus vivement que l'au- „ tre; il étoit naturel, après avoir examiné l'air de vent qu'on avoit à crain- „ dre (*a*), que ce fût plutôt celle du Nord (*b*), afin que les sables venant „ s'y adosser, ne s'accumulassent point dans le chenal."

Il est donc certain, que l'auteur a prétendu, qu'il ne falloit pas introduire de front le courant dans le chenal, ainsi que nous l'avons dit pour celui de la Nouvelle; „ non-seulement, dit-il, pour empêcher les sables de s'amasser „ à l'entrée du chenal; mais aussi dans la vue de préserver les navires d'être „ chassés contre cette derniere. Ce sont autant de motifs pour prolonger une „ jettée plus que l'autre, comme nous l'avons dit précédemment."

L'auteur continue. „ Enfin il est encore à remarquer que, pendant tout „ le tems que la digue du Sud a dépassé celle du Nord, l'entrée de la riviere „ étoit devenue plus difficile que jamais; parce que le vent de Nord-Ouest „ étant le plus violent, & en même tems celui qui aide le plus les navires, „ il étoit bien dangereux que, ne pouvant se ranger parallelement à cette „ jettée, ils ne fussent s'y briser." En partant du même principe, le même ouvrage, chap. 3 de la premiere partie, page 360, parlant du chenal de Mardick, nous apprend, „ que la jettée de l'Ouest fut prolongée de 40 toi- „ ses au-delà de la tête de celle de l'Est, pour garantir l'embouchure du che- „ nal des ensablemens que les flots venant d'Ouest auroient pu causer.

Tout cela, au sujet des ports de Bayonne & de Mardick, doit achever de

(*a*) C'est celui du Nord-Ouest selon l'auteur.

(*b*) C'étoit, selon lui, la jettée du Sud qu'on avoit prolongée plus que l'autre.

convaincre, qu'il faut faire au Grau de la Nouvelle ce que nous avons indiqué plus haut (*a*). On a donc lieu d'être ſurpris, de ce que le principe adopté par des perſonnes très-capables d'en ſuivre les conſéquences ait été abandonné, quant au prolongement des jettées de ce Grau : elles ont eu des raiſons, ſans doute, que leur mérite me font reſpecter depuis long-tems & qui me font combattre les miennes par tout ce que j'ai ſu imaginer en leur faveur. Quoique ce que je viens de rapporter ſerve à mon appui, je vais cependant défendre encore la conduite que je combats, par une autre raiſon qui me paroît avoir quelque fondement.

On a abandonné le principe, quand il a fallu donner au Grau une entrée ſûre, qu'il n'avoit pas avant qu'on fît les jettées qui le bordent ; parce que la mer y roulant ſes flots, y dépoſoit beaucoup de ſable, & l'avoit preſque bouché, enſorte que les eaux du canal de Narbonne, réunies à celles que la mer avoit porté dans l'étang, trouvant des obſtacles à leur iſſue dans la mer, ſe diviſoient, & dès lors, ſans force, dépoſoient des limons portés par les eaux du canal ſur les ſables déjà dépoſés, ce qui formoit alternativement des couches de l'une & l'autre matiere, qui affaiſſées & liées entr'elles, avoient beſoin qu'on employât la force du courant de l'Eſt pour les détacher. C'eſt pourquoi on imagina de pouſſer la jettée d'Oueſt plus que celle d'Eſt, afin que le courant de l'Eſt, rencontrant ſa partie excédente, les eaux s'y refoulaſſent, & qu'en paſſant dans le chenal, elles euſſent la force de détacher ces dépôts & de les emporter à leur retour. Cela ſuppoſé, on a peut-

(*a*) Il nous paroit que le prolongement de ces jettées doit être ſuſpendu, ſi on ne l'a pas fait, parce que les dépôts ſur la plage n'atteignent pas & n'atteindront pas encore leurs extrêmités. La défectuoſité du Grau a été peut-être le motif pour lequel on les a pouſſées d'avance. Quoiqu'il en ſoit, l'économie exige qu'on ſuſpende ces prolongemens, dès que la jettée de l'Eſt dépaſſera celle de l'Oueſt au point qu'il faut.

être cru qu'il falloit continuer à pouffer les jettées de la même maniere. Peut-être auffi qu'on s'eft conformé à l'exemple que nous venons de rapporter du port de Bayonne, où l'on a agi de même pendant un certain tems; mais où l'on s'eft corrigé enfuite en prolongeant la jettée du Nord plus que celle du Sud. L'habile directeur dont nous avons parlé, auroit peut-être fait de même, s'il eût vécu, aux Graux de la Province de Languedoc, & je ne doute pas, que celui qui eft à fa place, n'en fît de même auffi fi l'excès de fon travail lui permettoit de fe défier de la route fuivie par fes prédéceffeurs.

Faifons maintenant une courte excurfion au fujet des Graux d'Agde, du Roi & du port de Cette, fans perdre de vue le principe dont on doit faire ufage pour tous les ports fujets aux enfablemens, rélativement à l'air de vent qui les y porte, & fans envifager des difficultés, qui, peut-être, en certains cas, exigent de le modifier.

On vient de voir, qu'en introduifant de front les courants de l'Eft dans le Grau de la Nouvelle, les effets en étoient mauvais. Ils le font auffi au Grau d'Agde par la même caufe, quoique la riviere qui le forme ait un cours rapide, par rapport à celui du canal de Narbonne & malgré un plus grand volume d'eau qu'elle fournit. Car cette riviere, roulant beaucoup de fables, doit concourir, en certains tems, avec la mer, à faire de grands dépôts, tantôt à l'entrée de fon Grau, tantôt aux environs. En y prolongeant la jettée de l'Eft de la maniere que nous l'avons déterminé pour le Grau de la Nouvelle, on détourneroit de même les courants de l'Eft d'y entrer de front, & on auroit des fuccès femblables.

Le Grau du Roi ayant fes jettées difpofées comme celles des Graux de la Nouvelle & d'Agde, eft fujet comme eux aux enfablemens. Il doit être ordinairement moins profond, parce que le courant de fa riviere étant foible, fur une grande longueur, & mêlant fes eaux avec celles de l'étang de Repauffet, avant d'arriver au Grau, n'y eſt pas fortifié, comme celui de la Nouvelle, par les vents impétueux de l'Oueſt, qui ſouflent en celui-ci. Il n'a pas auſſi, comme lui, la reſſource de pouvoir y faire enfler les eaux quand on veut. On pourroit cependant donner plus de force aux eaux de ſa riviere, comme on l'expliquera dans le ſecond moyen.

Le port de Cette, ſelon le plan qui en eſt gravé, reçoit de front le courant de l'Eſt ſur la largeur CA, d'environ 50 toiſes, fig. 4. Il faudroit pour l'en défendre, prolonger la jettée AB de la longueur AC, afin d'y former le mole iſolé CAB, & évaſé vers le large, pour rendre l'entrée ſpatieuſe. De cette maniere, le courant d'Eſt ne s'introduiroit que latéralement dans le port & le volume des ſables qu'on en enleve, toutes les années, avec des Lontons en feroit diminué. Il faudroit, en vue de le diminuer encore, attacher une jettée GD de quelques toiſes de longueur, en forme de coude, avec le mole qui défend le fort contre les flots, & la diriger de l'Oueſt à l'Eſt. Elle détourneroit vers le large le courant formé par le remous qui ſe fait contre le bord eſcarpé de la mer: au lieu qu'il ſe détourne dans le port avec une partie des ſables qui le ſuivent. Il réſulteroit auſſi de ces ouvrages, que les navires ne ſeroient pas tourmentés dans le port, & que le refoulement des eaux de la mer vers le Sud MN ne ſe faiſant plus, ni l'eſpece d'équilibre vers l'entrée & dans le baſſin par leur retour ſur elles-mêmes, il y auroit moins d'enſablemens.

Ce même refoulement forme un courant vers l'étang de Thau, qui tient creuſé le canal qui y conduit; ſemblable en cela à tant d'autres courants qui s'élevent contre les bords eſcarpés de la mer, contre les jettées des ports, contre les caps, &c. C'eſt à de pareils remous qu'il faut attribuer la profondeur & la largeur du port de Lafranqui: car les courants de l'Eſt frappent ſon cap ſur toute ſa longueur & s'y refoulent, ſelon leur viteſſe, juſques à une certaine diſtance de lui, ſelon laquelle s'étend la largeur d'un courant particulier le long du cap, qui verſant ſes eaux vers le large, tient curé ce port informe.

II. MOYEN
de bonifier le Grau de la Nouvelle.

On doit être prévenu, que les eaux du canal de Narbonne, ſe mêlant avec celles du vaſte étang de Bages, de Peyriac & de Sigean, dans lequel il ſe débouche, le niveau qu'elles y gagnent enſemble ne s'éleve que lentement, malgré les autres eaux qui y arrivent. Ces eaux ne paſſant au Grau que lentement, ne ſuffiroient jamais pour agir avec efficacité contre les dépôts qui s'y font, ſi les marées n'alloient mêler leurs eaux dans cet étang & par leur retour à la mer, ſécouru des vents violens de l'Oueſt, n'en chaſſoient une partie. Le Grau en ſeroit plus profond en ouvrant le canal BEF, fig. 5, dans l'Isle de Ste. Lucie. Car ne mêlant plus, par cet ouvrage, ſes eaux avec celles de l'étang, elles couleroient en vertu de leur hauteur vive, & formeroient ainſi, ſans ceſſe, un courant d'autant plus propre à chaſſer les dépôts du Grau, qu'il ſeroit groſſi, quand on voudroit, en lâchant plus abondamment qu'à l'ordinaire, les eaux au canal, par l'écluſe de ſon origine, & d'autres fois, par les eaux des crûes de la riviere d'Aude, qui ſont ſi grandes, qu'elles ſurmontent de tems à autre les barrieres.

La riviere du Grau du Roy pouvant auſſi ne pas mêler ſes eaux à celles de l'étang de Repauſſet, en prolongeant les jettées de ce Grau interrompues, pour les y faire communiquer, on ménageroit par-là, comme à la Nouvelle, un courant, dont la hauteur vive ſeroit propre à curer ce Grau : mais on a préféré de laiſſer ce paſſage en faveur des avantages qui en réſultent, dont l'un conſiſte apparemment, en ce qu'il donne aux marées l'entrée dans cet étang, afin que, par leur retour à la mer, elles puiſſent curer le Grau. Les autres ſont détaillés dans le premier volume des Mémoires de la Société Royale des Sciences de Montpellier, page 292.

Les crûes de la riviere d'Aude, & par conséquent du canal de Narbonne, seront d'autant plus utiles pour curer le Grau de la Nouvelle, qu'elles seront contenues dans ce canal. C'est à quoi on pourra parvenir, en faisant ce qui sera décrit dans le troisieme moyen: mais dans l'un & l'autre cas, il faudroit barrer vers R la partie RC du canal, appellée le Caragol, fig. 5, si l'on ne vouloit pas communiquer par-là à l'étang ; ou bien ce débouché étant commode pour le transport des sels des salines de Sigean & de Peyriac, il faudroit construire à cette barre en R, une écluse à poutrelles, ou avec toute autre fermeture & une pareille vers F pour les ouvrir & fermer tour à tour à volonté.

Cette nouvelle partie de canal n'ôteroit rien à l'action des eaux de l'étang, quand la mer les y feroit gonfler, pour concourir, à leur retour, avec les siennes, à curer le Grau (*a*). Ce qui le rendroit constamment meilleur & sa navigation continue: au lieu qu'elle est difficile quelquefois, soit par les ensablemens de l'embouchure du Caragol & d'ailleurs, soit à cause des grands vents à essuyer, en traversant l'étang. Au surplus, la partie nouvelle du canal abrégeroit d'environ 1000 toises, la longueur de sa route. Il en résulteroit encore, qu'elle n'auroit pas besoin d'entretien, tandis que, ce qu'on appelle le Caragol, en exige fréquemment sans que ce débouché y gagne.

III. MOYEN.

Pour bonifier le Grau de la Nouvelle.

C'est subjuger heureusement l'Océan, que de l'obliger par son flux & son reflux à servir, tant à la défense des places du Royaume, qui sont sur sa côte, qu'à former des bons & vastes ports, qu'elles renferment, à l'abri des insultes des ennemis, & à rendre leur entrée profonde. La Méditerranée ne participant pas à ce phénomene sur la côte de Languedoc, on ne doit pas espérer que cette province

(*a*) Il n'y a que l'un ou l'autre de deux semblables courants qui puisse être ménagé au Grau du Roy.

ait ses ports ni ses Graux aussi profonds, quoiqu'on fasse, ni de longue durée, si l'on ne lutte sans cesse contre les dépôts, qui les rendroient impraticables. Celui de la Nouvelle est le seul qui offre une ressource, qui, sans être aussi heureuse que celle des ports de l'Océan, peut néanmoins en approcher pour l'approfondir & le curer en tout tems, par le jeu des eaux du canal de Narbonne, en le rendant à peu près semblable à celui dont on se sert aux ports de l'Océan. On y profite avec succès, du flux de la mer, pour retenir les eaux à de grandes hauteurs, au moyen des écluses, afin de les lâcher vers la fin du reflux, pour aller impétueusement à la mer, en approfondissant les cheneaux. C'est aussi en ménageant un courant rapide avec les eaux du canal de Narbonne, auprès de l'entrée du Grau de la Nouvelle, que nous prétendons y produire des effets semblables.

Ce moyen, comme le second, exige qu'on ouvre dans l'Isle de Ste. Lucie, la nouvelle partie de canal BEF, fig. 5; ses bords doivent être formés avec des digues suffisamment hautes, afin que l'eau puisse s'y tenir assez élevée pour former un courant capable d'approfondir le Grau. La connoissance que nous avons des lieux, nous détermine à fixer cette élévation à 4 pieds au-dessus du niveau des eaux ordinaires. Il faudroit donc que les bords d'une partie du canal, en remontant de Ste. Lucie à Narbonne, eussent aussi des digues pour la même fin, & que l'écluse en F fût capable de faire élever à ce point les eaux du canal. Ces digues seroient d'une petite dépense, soit, parce que les bords de ce canal aux endroits les plus bas sont élevés de trois pieds environ au-dessus des eaux ordinaires, soit parce qu'il est facile de fouiller ces terres. Cette dépense seroit d'ailleurs indispensable, eu égard à l'élargissement du canal à faire en certains endroits, si l'on envisage la facilité de la navigation, ainsi que nous l'expliquerons plus bas.

Cela suffiroit pour la réussite du canal de Narbonne; mais il faudroit, pour toutes les parties qui peuvent en profiter, outre ces digues, bâtir trois écluses;

l'une en R, qui eſt la même dont nous avons parlé dans le ſecond moyen ; la ſeconde ſeroit en G ſur une barre qui joindroit, dans l'étang de Sigean, l'extrêmité du chenal avec le canal du Rouſſillon ; & la troiſieme, au lieu d'être en F, comme l'exige le ſecond moyen, & ce que nous venons de dire dans ce troiſieme, devroit ſe trouver en B ſur une barre dans le chenal, au deſſous du débouché de la partie Nouvelle BEF du canal. Leur hauteur devroit être telle qu'elles fiſſent élever les eaux dans le chenal, à quatre pieds au-deſſus des eaux ordinaires, quand elles ſeroient fermées. Ce court expoſé ſuffit pour s'appercevoir, que, ſoit les courants de l'étang formés par les eaux des rivieres & des torrens qui s'y déchargent, ſoit ceux qui viendront du retour des marées qui s'y ſeront introduites par l'écluſe en G, conſerveront leur action pour curer le Grau, indépendamment du courant du canal, formé en vertu de la hauteur de chûte de quatre pieds, & pourront jouer, comme de concert, pour l'approfondir.

On pourroit profiter de ce moyen pour approfondir le Grau de la Vielle Nouvelle, pourvu qu'on fit la partie de canal BI, & en I une écluſe pareille aux autres.

Le débouché du canal de Narbonne dans l'étang de Sigean, pourra aiſément participer aux mêmes avantages ; puiſqu'il ne faudra qu'ouvrir l'écluſe R, & fermer les autres, quand les eaux ſeront élevées à 4 pieds, afin que le courant qui ſe fera, aille emporter les ſables de cette embouchure, qui la rendent très-difficile.

Pour donner à la navigation de ce canal, toute la facilité & l'étendue dont il eſt ſuſceptible, il faudroit que les navires puſſent y paſſer librement par-tout, & qu'ils éprouvaſſent une moindre réſiſtance que celle qui eſt cauſée par la viteſſe, quoique petite, de ſes eaux. On y parviendroit, en élargiſſant le canal en certains endroits, & en mettant ſon lit de niveau, ou approchant depuis Ste. Lucie, juſques à l'endroit qu'on appelle le Pli, qui eſt une eſpece de grande anſe KAL, qui commence à 500 toiſes ou environ au-deſſous de la métairie du Fleis, & finit en K auprès d'elle. Il faudroit faire, à ce point, une écluse pareille à celles de la partie supérieure de ce canal : en observant que son radier fût de niveau avec le fonds du recreusement du lit. La partie du canal, depuis cette écluse jusques à Narbonne, n'auroit pas besoin de recreuser : il suffiroit, pour y diminuer la vitesse des eaux, que le seuil de la porte d'Amont fût placé plus haut que le lit actuel. Il est assez profond pour ne pas craindre que les eaux s'y élevent trop.

L'anse ou pli du canal cause aux matelots un travail extrême, pendant les vents violens de l'Ouest, pour faire remonter leurs bâtimens, & ils sont obligés souvent, d'avoir à leur secours, des animaux de trait, pour y suffire pendant les deux heures qu'on emploie à la passer. En faisant, à la place de cette anse, la partie de canal KI en ligne droite, on employeroit, sans se servir des animaux, moins de demi-heure, pour arriver au même point. Ces ouvrages faits, on pourroit toujours faire remonter les Tartanes, avec leur cargaison, jusques dans Narbonne, & les ranger avec les autres bâtimens, dans un bassin à faire au grand emplacement appellé *les barques*, qui semble avoir été ménagé exprès pour devenir, par cette utile destination, & en l'accompagnant de la communication libre de ses quais entr'eux, sur toute leur longueur dans la ville, le plus bel endroit de la province de Languedoc.

Le moyen que nous venons de proposer, pour faire élever les eaux de ce canal à 4 pieds au-dessus du niveau des eaux ordinaires, peut s'étendre aussi sur le canal à faire, pour communiquer au Roussillon ; en le faisant côtoyer, s'il étoit nécessaire, l'étang de la Palme du côté des terres, & en formant sur ses bords des digues assez hautes, pour y tenir les eaux élevées de la même hauteur quand on voudroit. Cela exigeroit une écluse de plus. Elle devroit être ronde & placée à la jonction de ce canal avec le port de Laffranqui ; afin de fermer les portes tournées vers le Roussillon, quand on voudroit passer au port, & au contraire, ouvrir celle-ci & fermer les autres, quand on voudroit pousser la route vers cette province. Nous en avons aſſez dit, pour faire comprendre, comment on pourroit ménager, dans le port de Laffranqui, un courant, en vertu de l'élévation de quatre pieds à donner aux eaux dans l'un & l'autre canal, pour le curer ou l'approfondir, ſi, contre les apparences, cela étoit jamais néceſſaire. La carte montre, qu'il faudroit ouvrir la partie BH du canal de Laffranqui, au lieu de celle GH; ſi l'on ſe déterminoit à faire celle BF.

Enfin, en plaçant des écluſes à Vannes, de diſtance en diſtance, ſur toutes les digues, qui borderoient ces différentes parties de canal, on ſeroit aſſuré, non ſeulement d'atterrir des étendues conſidérables des marais qui bordent leurs longueurs; mais auſſi d'engraiſſer d'autres parties qui ne ſont que des ſables, & de rendre ainſi ce pays cultivé & fertile, au lieu qu'il eſt inculte & mal-ſain.

Remarquons que l'élévation des eaux à 4 pieds, & même à une plus grande hauteur, qu'on pourroit leur donner au-deſſus des eaux ordinaires, ne pourroit pas nuire aux terres adjacentes, parce qu'elles ſont preſque toutes des marais: mais fuſſent-elles cultivées, les tranſpirations qu'elles recevroient, n'auroient pas le tems d'agir contre la végétation, parce que la durée de chaque gonflement des eaux ſeroit & devroit être courte pour la continuité de la navigation.

Il n'y aura donc pas d'inconvénient, pour atterrir ces terreins & pour en jouir, de faire enfler les eaux de ces canaux, pendant les crûes de la riviere d'Aude, qui ſont alors très-bourbeuſes. Cela n'exige que l'attention de fermer & d'ouvrir les Vannes & les écluſes tour à tour ou à la fois, ſelon les circonſtances. Un peu de réflexion ſur ces différens objets, mettra au fait de ce qu'il faudra faire pour tous les cas. Il faudra, par exemple, que les portes des écluſes ayent des guichets, & leurs bajoyers des pertuis, ou bien des ouvrages acceſſoires équivalens, afin que les eaux du canal, quoiqu'enflées, puiſſent, étant ouverts, aller à la mer ou à l'étang, ſelon qu'on le jugera à propos, ſans faire diminuer la hauteur du gonflement.

Enfin, quoique la riviere d'Aude puiſſe fournir abondamment d'eau ces canaux, pour les nourrir juſques à Laffranqui, on pourra cependant, pour y hâter l'élévation des eaux à quatre pieds, ouvrir l'écluſe de ce port & celle du Grau de la Nouvelle, pendant que les vents de l'Eſt ſoufflent, afin que les eaux de la mer gagnent ſon niveau dans ces canaux, pour les fermer de ſuite, dès qu'elles retourneront à la mer, & ouvrir leurs guichets convenablement, & les pertuis pour ne permettre aux eaux du canal de ne s'élever qu'à la hauteur de 4 pieds.

CHAPITRE II.

La riviere d'Aude, en nourriſſant de ſes eaux le canal de Narbonne, ſera toujours une cauſe ſubſiſtante du changement heureux que cette ville doit eſpérer; en même tems qu'elle répand des limons qui fertiliſent les atterriſſemens de pluſieurs grandes communautés qu'elle traverſe & acheve d'atterrir le vaſte lac (*a*) où elle ſe débouchoit. Livrée cependant à elle-même, la ſomme des maux qu'elle fait, ſurpaſſe ſouvent celle de ſes bienfaits. Ces maux qui augmenteront encore, méritent qu'on en connoiſſe les cauſes & les progrès en détail, afin d'y trouver des remedes, ſans perdre de vue les moyens de perpétuer la fertilité à ces atterriſſemens. Remontons vers les tems auxquels ils ont commencé à ſe faire. Leur hauteur n'a pu s'accroître vers l'embouchure de cette riviere, ſans s'étendre dans ſon lit, & par conſéquent ſans le rehauſſer: de ſorte qu'étant élevé à la hauteur qui a obligé les eaux de s'élever juſques au niveau des bords; la moindre couche de limons qui y a été dépoſée l'a enſuite obligée de ſe déborder. Ce rehauſſement du lit a continué, à meſure que les atterriſſemens ont été rehauſſés & les débordemens ſe ſont étendus ſur une plus grande longueur de la riviere;

(*a*) Ce Lac s'appelloit anciennement, *Lacus Rubreſus*, *Rubrenſis*, & poſtérieurement, *Narbonites*.

de ſorte que les parties latérales ont dû s'élever plutôt que celles en avant vers la mer; parce qu'elles ont participé, en même tems, des dépôts portés par les eaux qui paſſoient à l'embouchure, & de ceux qui y paſſoient par les débordemens. Delà vient que les plaines de Narbonne, d'Armiſſan, de Vinaſſan, & une partie de celle de Courſan, ſur la droite de la riviere, ont été les premieres cultivées, comme auſſi celle de la Rive gauche, interpoſée entre cette riviere & l'étang de Capeſtang; mais elle participe bien moins que les autres, depuis long-tems, aux débordemens, à cauſe de l'obſtacle permanent de la chauſſée, qui forme la grande route.

Les progrès des inondations ſur ces plaines, ont dû y porter les effets de la fertilité & des maux tour à tour: au lieu qu'après avoir élevé certaines parties plus haut que les autres, ces parties furent fertiles preſque ſans danger, tandis que les parties moins hautes, en même tems, durent ſe reſſentir, comme l'avoient reſſenti les premieres, l'alternative de maux & de biens. Etant devenues hautes à leur tour, elles jouirent enſuite de la fertilité, de même que l'avoient déjà acquiſe les premieres. Or le lit de la riviere ſe rehauſſant en même tems, couche ſur couche, les débordemens ſe firent ſentir plus haut qu'auparavant. Les plaines vers Cuxac & les parties les plus hautes de celles de Narbonne, s'en reſſentirent par la fertilité qu'ils y portent preſque ſans danger; tandis que les parties inférieures la perdent à cauſe de la fréquence des inondations, qui y parviennent en vertu du ſurhauſſement continué du lit de la riviere, aux endroits qui auparavant les inondoit moins ſouvent.

Ces débordemens latéraux n'ont pas ſuſpendu cependant les atterriſſemens dans le Lac: ils ont été pouſſés, en même tems, en avant vers la mer, dans les communautés de Niſſen, de Salles, de l'Eſpignan, de Fleuri & de Vendres, pendant que les parties voiſines de l'ancienne embouchure de la riviere, ont été élevées au-deſſus des eaux. Comme cela s'eſt fait ſucceſſivement, elles ſe ſont reſſenties, dans les premiers tems de leur culture, comme les latérales, de l'alternative de bien & de mal, cauſé par les inondations. Etant devenues enſuite plus hautes par des nouvelles couches de limons, elles ont été miſes preſque à l'abri de maux, en les fertiliſant. Cependant, les atterriſſemens s'étant prolongés juſques à la Plage, & après s'être élevés au-deſſus des eaux, on les a cultivés : mais s'élevant à leur tour, le lit de la riviere, qui s'y eſt formé tortueux & preſque ſans bords, a été rehauſſé ; les parties au-deſſus en ſont devenues plus ſujettes aux débordemens, & elles jouiſſent d'une moindre ſûreté pour les récoltes, ſans qu'on puiſſe ſe flatter que celles qui aboutiſſent à la plage, quoiqu'elles s'élevent à l'avenir, jouiront à leur tour, ſans beaucoup de dangers, du fruit de cet accroiſſement en hauteur; parce que les marées contribueront à y faire refluer les eaux de la riviere. C'eſt-à-dire, que cette riviere, après avoir atterri certaines étendues, au point d'être fertiles & fertiliſées ſans beaucoup de danger, les inondera trop ſouvent enſuite, pour en garantir les récoltes; tandis que celles, qui nouvellement ſorties comme des eaux, & élevées à la hauteur ſuffiſante, jouiront à leur tour de la fertilité, pour retomber un jour comme les autres dans l'état malheureux. Quand le mal ſera univerſel dans toutes ces plaines, quelle perte alors pour la province de Languedoc, & en particulier pour le dioceſe de Narbonne! Les Etats généraux de cette province, toujours clair-voyans, ont été ſi touchés de ces dangers & des maux préſens, que voulant y remédier & mettre la grande route à l'abri des inondations, ont envoyé en Hollande un ingénieur, capable d'y apprendre, par quel moyen ſes habitans ont ſu ſe défendre contre la mer & les fleuves. Cette prévoyance eſt d'autant plus digne de leur ſageſſe, qu'elle s'accorde avec le ſentiment de l'auteur de l'architecture hydraulique, qui traitant en maître de pareilles matieres, conſeille cependant d'aller puiſer, dans cet océan de reſſources, celles qui pourront être utiles & correſpondre à une adminiſtration éclairée. L'abondante moiſſon qu'on eſt fondé d'attendre de cette démarche, déterminera, ſans doute, à donner aux eaux de la riviere d'Aude un cours auſſi rapide qu'il ſera poſſible, au moyen d'un nouveau lit, dans la partie des atterriſſemens dont on vient de parler, afin qu'il ſe tienne creuſé, ou du moins, qu'il ſoit tel que peu d'entretien y ſuffiſe.

Il n'y a d'autre moyen d'y parvenir, que celui de le rendre le plus court poſſible, & tel qu'évitant ainſi les grands circuits que fait cette riviere dans les atterriſſemens, le volume des eaux qui y paſſera, pendant les crûes, s'y enfle aſſez, pour former un courant capable de vaincre la réſiſtance des eaux de la mer & de les empêcher par-là d'y remonter, ou bien ne le pouvant pas dans tous les cas, afin que, quand ſes efforts ſeront ſupérieurs, elle chaſſe vers le large les dépôts que la mer y aura porté; c'eſt à quoi concourra efficacement l'action des vents impétueux de l'Oueſt, ſelon leſquels, le nouveau lit pourra être dirigé, ou approchant dans une partie de ſa longueur. Il n'eſt donc point d'autre moyen pour y parvenir, que celui 1°. de rendre le nouveau lit auſſi court qu'on le pourra, 2°. & d'y contenir les eaux des débordemens. On y parviendra en le bordant, depuis les environs de Courſan, de digues ſuffiſamment hautes, & en faiſant au Grau de Fleuri, des ouvrages de la maniere que nous allons le dire.

Profitons, dans cette vue, de ce qui a été dit dans le premier chapitre, afin que les eaux des crûes trouvent à cette embouchure de la riviere, moins de réſiſtance de la part des eaux de la mer pour y entrer, & moins des ſables à en chaſſer. Nous y avons fait voir que les eaux de la mer ne devoient pas entrer de front dans les Graux, mais latéralement. Il faudroit donc que le Grau de Fleuri eût des jettées comme en ont les autres, & qu'elles fuſſent prolongées de la maniere que nous l'avons déterminé pour le Grau de la Nouvelle. Elles donneroient en même tems un Grau utile à la navigation, & porteroient ſes influences dans les pays voiſins, d'où l'on pourroit communiquer un jour, comme du Grau de de la Nouvelle, au canal Royal, ainſi qu'on le verra dans un moment.

Revenons aux digues qui devroient border la riviere. Il ſemble, qu'étant deſtinées à contenir ſes eaux, elles priveront les plaines des engrais que ſon état actuel y répand, & des atterriſſemens qu'elle y ajoute, & que ces plaines, ſalées en beaucoup d'endroits, deviendroient entiérement infertiles. On ne doit pas douter, qu'elles ſeroient bientôt dans cet état, ſi l'on n'avoit un moyen de perpétuer, non-ſeulement les grands biens qu'elle fait, mais encore celui de conſerver les récoltes en même tems, tandis qu'on les perd fréquemment, & d'enlever les ſels des parties de ces plaines qui en ſont affectées. Toutes ſont ſalées. Il en eſt qui le ſont ſi fort, qu'elles ſont totalement infertiles ; les autres produiſent des Salicors, & les bonnes en ont une doſe qui les fertiliſe pour les grains les plus précieux ; mais qui bientôt ſe réduiroient à l'état de ne pas en donner, ſi les débordemens ne les atteignoient de tems en tems, pour y faire une diſſolution des ſels, que l'humidité, les pluyes, la chaleur & les vents, élevent vers la ſurface, ainſi qu'on l'obſerve dans les mêmes plaines, quand la riviere retarde trop à les inonder. On doit donc faire enſorte que, malgré les digues, les eaux bourbeuſes puiſſent ſe répandre ſur ces plaines : on y réuſſira, par le même expédient que nous avons indiqué dans le premier chapitre, pour engraiſſer les terres le long des canaux de Narbonne & du Rouſſillon. Il conſiſte à faire, ſur les digues de la riviere d'Aude, des petites écluſes à Vannes, de diſtance en diſtance, ſituées là où l'on jugera qu'elles conviennent le mieux, de maniere que leur radier ne permette que l'épanchement des eaux de ſuperficie, quand il ne s'agira que d'engraiſſer les terres : on les mettra plus bas en celles qui ſeront deſtinées aux atterriſſemens, quand bien même il y paſſeroit des ſables. On ſe ſervira de Vannes pour les ouvrir & fermer à volonté, afin de ne répandre les eaux que quand on voudra, & de garantir ainſi les terres enſemencées, aux premiers tems de la végétation, & les récoltes qu'on perd quelquefois aux tems même où l'on eſt prêt d'en faire la moiſſon. C'eſt pour cela que les écluſes à Vannes ſont préférables aux épanchoirs, dont le ſervice inévitable eſt de faire du bien & du mal tour à tour, & preſque toujours l'un & l'autre enſemble.

C'eſt par de pareilles Vannes, qu'on pourra mieux diriger & diſtribuer le volume de l'eau que chacune verſera à l'uſage des propriétaires, par le ſecours de petits canaux qui y aboutiront, ſur les bords élevés deſquels on pourra faire auſſi de plus petites vannes ou des coupures, afin d'introduire les eaux dans telle des étendues de terre bordées de digues, où l'on voudra les laiſſer entrer & ſéjourner plus ou moins de tems à volonté, & de les faire écouler enſuite de même, en ouvrant ces vannes ou les coupures. C'eſt ainſi qu'on ſera aſſuré d'engraiſſer, ſans danger, la plupart de ces plaines: on leur enlevera les ſels tour à tour, quand les eaux ayant ſéjourné dans une piece de terre, & s'y étant clarifiées, on les fera paſſer & ſéjourner enſuite dans une autre qui ſera ſalée, pour la vuider quand on croira qu'elles y auront fait une abondante diſſolution de ſels. Moyen infaillible qu'on peut apprendre, avec quelque détail, dans nos Mémoires d'Agriculture de la province de Languedoc.

Nous n'avons pas prétendu, en prouvant la néceſſité qu'il y a de contenir dans le lit, les eaux des crûes de la riviere d'Aude, que toutes doivent aller à la mer par le nouveau lit à faire; puiſque, ſi l'on n'en dérivoit pas une partie, on perdroit la fertilité d'une grande portion des plaines de Cuxac & Courſan, & une partie de celles de Narbonne, de Vinaſſan & d'Armiſſan en deviendroient totalement infertiles, parce que l'abondance des ſels qui ſont dans l'intérieur de ces terres, gagneroit bientôt la ſurface, ainſi qu'on l'a dit plus haut, ſans pouvoir eſpérer de les emporter. On ſeroit privé auſſi d'atterrir l'étang de Capeſtang, & de garantir, un jour, le pays d'alentour de l'air infect, dont il eſt cruellement affligé. Ces grands motifs doivent déterminer à ſaigner la riviere d'Aude, afin qu'elle porte, pendant ſes crûes, par un canal, une partie de ſes eaux dans cet étang, en verſant, chemin faiſant, par les vannes à faire ſur ſes digues, de ſes eaux ſur les terreins entre lui & la riviere. Les eaux qui paſſeroient à l'étang, couleroient enſuite le long de l'aiguille de Londres, & de-là dans l'ancien lit de la riviere d'Aude, pour ſe jetter dans la mer par l'ancien Grau de Fleuri. Il me ſemble qu'on pourroit augmenter les ſervices de cette ſaignée, en la rendant propre à être une nouvelle branche de canal, pour aboutir à celui de la jonction des deux mers, en paſſant par la partie qui reſte à faire pour lui joindre celui de Narbonne. Elle auroit l'avantage d'être la plus courte pour arriver à la mer, & toujours navigable, de traverſer les terres de pluſieurs grands villages, de leur porter la ſanté & la richeſſe, & de garantir la ville de Narbonne des dangers de périr ſous les eaux. Il faudroit, pour tirer ce parti de la ſaignée, qu'elle eût à ſon origine, qu'il faudroit fixer à l'autre bout de la digue où eſt celle du canal de Narbonne, une écluſe pareille à celle qui eſt vis-à-vis, pour lui fournir les eaux, & une ou deux écluſes, pour gagner le niveau des eaux de l'étang, & une de plus, pour gagner le niveau de celles de la mer. Enfin le débouché de ce canal au vieux Grau de Fleuri pourroit conſerver ſa grande profondeur actuelle, en faiſant vers celui du nouveau lit, qu'on appelle le Grau mage, une écluſe ſituée de maniere qu'elle y portât des eaux de la riviere pendant ſes crûes, afin de le tenir curé par le courant qui y ſeroit dirigé, & pour communiquer au canal que nous propoſons, qui deviendroit en même tems, au moyen de ſes francs bords élevés, & des écluſes à vannes, propre à engraiſſer les terreins adjacens, ſi celles du nouveau lit ne pouvoient le faire. Il procureroit en même tems un autre grand bien, puiſque, ſans lui, cette longue partie de l'ancien lit de la riviere ſans iſſue deviendroit un long Cloaque infect.

Nous ne devons pas paſſer ſous ſilence un autre avantage à retirer de la riviere d'Aude. Il faudroit, pour conſerver & augmenter la fertilité des plaines, d'une partie de celles de Cuxac, de Narbonne, de Vinaſſan & d'Anniſſan, faire une autre faignée fur la droite de cette riviere, dont l'origine devroit être aux environs du village de Cuxac, & le cours dirigé vers les parties les plus hautes de la plaine de Narbonne; afin qu'au moyen des Vannes, placées fur fes digues, on puiffe arrofer & engraiffer ces parties, en enlever la falure, & continuer l'atterriffement de l'étang de Gruiffan. Alors la grande route ne feroit plus fubmergée, & les chemins de communication de tout ce pays cefferoient d'être impraticables pendant la plus grande partie de l'année.

Je reviens encore au canal de Narbonne, pour faire cette obfervation. On auroit pu, quand on rendit navigable fa partie fupérieure, en vue d'en jouir dès le moment que fa jonction, qui venoit d'être ordonnée par Louis XIV, feroit faite, donner plus de hauteur à l'éclufe de Rabonel; afin qu'au moyen des digues dont il auroit fallu border la partie de ce canal au-deffus, on y eût bâti des éclufes à Vannes, de diftance en diftance, tant pour engraiffer les plaines que nous venons de foumettre à l'engrais de la faignée de la riviere, que celle de la plaine de Liviere, qu'il borde dans toute fa longueur. L'état des chofes n'ayant pas changé, l'on eft toujours à tems de mettre cette idée à profit. Un coup d'œil fur la carte ci-jointe, donnera une idée générale de tout ce que nous venons de propofer. Il n'eft rien, ce femble, qui doive en arrêter l'exécution, fi l'on veut, en effet, bien imiter les Hollandois. Quel parti n'auroient-ils pas tiré d'un pays auffi heureufement fitué que l'eft celui dont nous nous occupons, tant par rapport à la navigation & au commerce, qu'aux atterriffemens que la nature, fans notre participation, nous a donnés, & dont nous ne jouiffons que pauvrement; tandis qu'ils les auroient aggrandis & rendus auffi fertiles que ceux de l'Egypte? Ils n'auroient pas eu à combattre les obftacles prefque invincibles de la mer, contre laquelle ils ont lutté & luttent chez eux, fans ceffe, par des ouvrages admirables & prefque infinis, fans fe décourager, malgré le danger qui les environne & les menace de périr tôt ou tard fous les eaux. Avec tous les avantages que nous avons en cela fur eux, nous ne pouvons pas cependant prétendre à tant de chofes à la fois, quoique felon le fentiment de l'ami des hommes, dans fon traité de la Théorie de l'Impôt „ on ne fauroit trop s'attacher à provoquer le goût d'une „ Nation pour ce genre de dépenfe que les Provinces doivent s'impofer." C'eft pourquoi on peut fe tourner dabord à ce qui offre les plus grands fuccès. Telle eft la perfection du canal de Narbonne & de fon Grau : le refte pourra fuivre partie par partie, de fuite ou par intervalles. De tous ces ouvrages, il n'y aura que ceux des éclufes qui feront chers: tous ceux des terres ne le feront pas, parce qu'ils fe trouveront, les uns dans les atterriffemens compofés de fables prefque impalpables & de limons, & les autres, dans des plaines dont les terres font approchant de la même qualité.

Prévenons une objection qu'on pourroit faire contre la multitude des avantages qui font le fujet de cet effai : on dira que la riviere d'Aude, devant en être comme la fource pour en jouir, elle ne fauroit fournir affez d'eau pour une telle dépenfe. Cette raifon ne feroit pas fans force, s'il falloit que cette riviere fournît tout à la fois, dans tous les tems, le volume que ces objets femblent exiger: mais on doit confidérer, qu'il n'y a que le canal de Narbonne & celui qui pafferoit dans l'étang de Capeftang, qui auroient befoin d'être abreuvés continuellement. C'eft ce qu'elle feroit furabondamment dans les tems les plus fecs, n'eût-on pas le moyen de diminuer beaucoup la dépenfe d'eau pour fournir celui-ci, en le conftruifant de façon qu'il fût formé en retenues de niveau, comme le font celles du canal Royal. Du refte, les atterriffemens & les engrais n'ayant befoin que des eaux bourbeufes, la riviere, au tems de fes crûes, fourniroit à tout en même tems ou tour à tour, felon qu'on le jugeroit convenable.

Il eft important d'obferver, que la largeur & la hauteur du nouveau lit de la riviere, ne doivent pas avoir des dimenfions arbitraires. Etant trop petites pour contenir les eaux pendant les crûes, il faudroit faire les digues fort hautes, &

alors le lit pourroit être si étroit, que le niveau des eaux ordinaires surpasseroit, ou raseroit, ou se trouveroit peu au dessous de la surface des terres adjacentes. Dans ces trois cas, ces terres seroient toujours trop imbibées par les transpirations, & la végétation des semences précieuses en seroit détruite : au lieu qu'on ne courroit aucun danger, en donnant à ce nouveau lit une grande largeur, puisque par-là le niveau des eaux ordinaires se trouveroit fort bas. Elle pourroit cependant être si grande, que les eaux des crûes ne pourroient pas assez s'enfler pour atteindre & dépasser le seuil des Vannes. Il faut donc chercher quelque expédient pour déterminer ces dimensions. Le calcul, quoique fondé sur des regles mathématiques, ne nous donneroit que des aproximations insuffisantes, à cause d'une espece d'impossibilité de mesurer exactement le profil du lit de la riviere à l'endroit où l'on voudroit mesurer le volume des eaux ; mais plus encore de connoître la vîtesse moyenne des eaux, principalement pendant les crûes ; & nous n'avons aucune ressource pour déterminer d'avance la vîtesse de ces eaux, quand elles couleroient dans le nouveau lit ; ce qui est un autre élément nécessaire pour ce calcul. Le tatonnement me paroît en ceci d'un secours indispensable. Qu'on ouvre ce nouveau lit, selon des dimensions plus grandes de quelque quantité, comme du $\frac{1}{4}$, d'un $\frac{1}{5}$, &c. que celles que l'on pourra déterminer par les voyes mathématiques, pour mesurer le volume des eaux ordinaires, afin que ce lit puisse les contenir, avec la condition que leur niveau se tienne abaissé de trois pieds environ au-dessous de la surface des terres. Qu'on éleve ensuite, avec les terres de ce nouveau lit, les digues de ses bords, à la hauteur convenable qu'un calcul dirigé semblablement, en vertu de la mesure des eaux pendant les crûes, servira à déterminer, afin que les eaux de ces crûes ne versent pas du dessus : on doit aussi fixer, par estime, quelle sera la vîtesse de ces eaux en ces tems. Le lit ouvert, selon le résultat de ces calculs, il arrivera, si les eaux s'élevent à la hauteur desirée, que le nouveau lit sera comme il doit être ; mais si elles ne s'élevent pas assez, il sera trop grand. On y remédiera en faisant une barre vers l'embouchure, qu'on poussera de chaque bord, en avançant vers le milieu de la largeur du lit. Si l'ouverture qu'on laissera permet aux eaux de s'élever au point desiré, il n'y aura plus rien à faire : au lieu que si elles ne s'élevent pas assez, il faudra pousser encore les extrémités de cette barre, pour retrécir le passage, ou bien les raccourcir, si elles s'élevent trop.

Il suit delà, que si les dimensions étoient trop petites, il faudroit élargir le lit, ce qui seroit dispendieux & feroit risquer de voir détruit l'ouvrage fait, & la riviere se jetter à tort & à travers, ou il faudroit élever les digues & les épaissir, ce qui seroit nuisible aux terres adjacentes, de la maniere qu'on l'a dit. Il vaut donc mieux hasarder de faire le lit grand.

Ce sera par un tatonnement semblable, que l'on pourra, après avoir ouvert les saignées, les canaux d'arrosage, les rigoles, &c., contraindre les eaux de la riviere qui y couleront, à arroser & engraisser les terreins qu'elles traverseront, & ce sera par des barres semblables à celles dont on vient de parler, qu'on obtiendra l'effet qu'on se sera proposé, si l'on n'a pas rencontré juste dans les premieres dimensions.

Le seul desir d'être utile à ma patrie a fait naître cet ouvrage, & m'engage à le mettre au jour, pendant que son bienfaicteur (*a*) s'emploie puissamment pour la faire triompher de ses malheurs. J'espere que l'on trouvera dans cet essai des raisons & des moyens de dissiper des préjugés auxquels on tâche de donner de la force pour s'opposer aux grandes vues de ce protecteur, pour l'utilité publique & pour elle. J'y suis poussé aussi, en qualité de Membre de la Société Royale des Sciences de Montpellier, par la loi que le Roi a imposée à chacun de ceux qui la composent, „ de s'appliquer principalement à ce qui concerne la science

---

(*a*) M. l'Archevêque de Narbonne.

„ particuliere à laquelle il s'eſt adonné. Tous néanmoins étant exhortés à étendre leurs recherches ſur tout ce qui peut être utile ou curieux dans les diverſes parties des mathématiques, dans la différente conduite des arts, & dans ce qui peut regarder quelque point d'hiſtoire naturelle."

De l'Imprimerie d'YVERDON 1769.

Fig. 3.

Fig. 4.

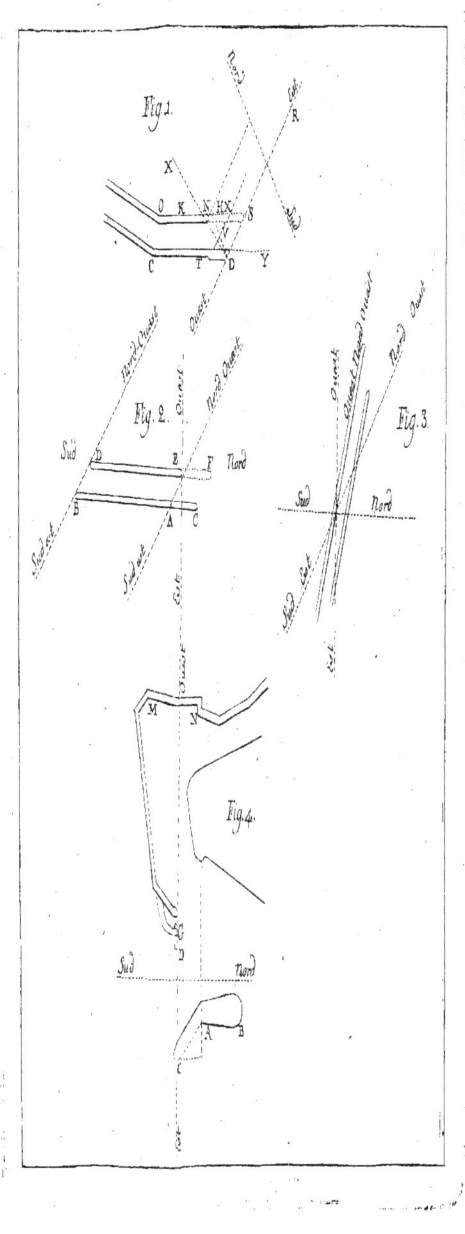
Fig.1.
Fig. 2.
Fig. 3.
Fig.4.
Sud
Nord

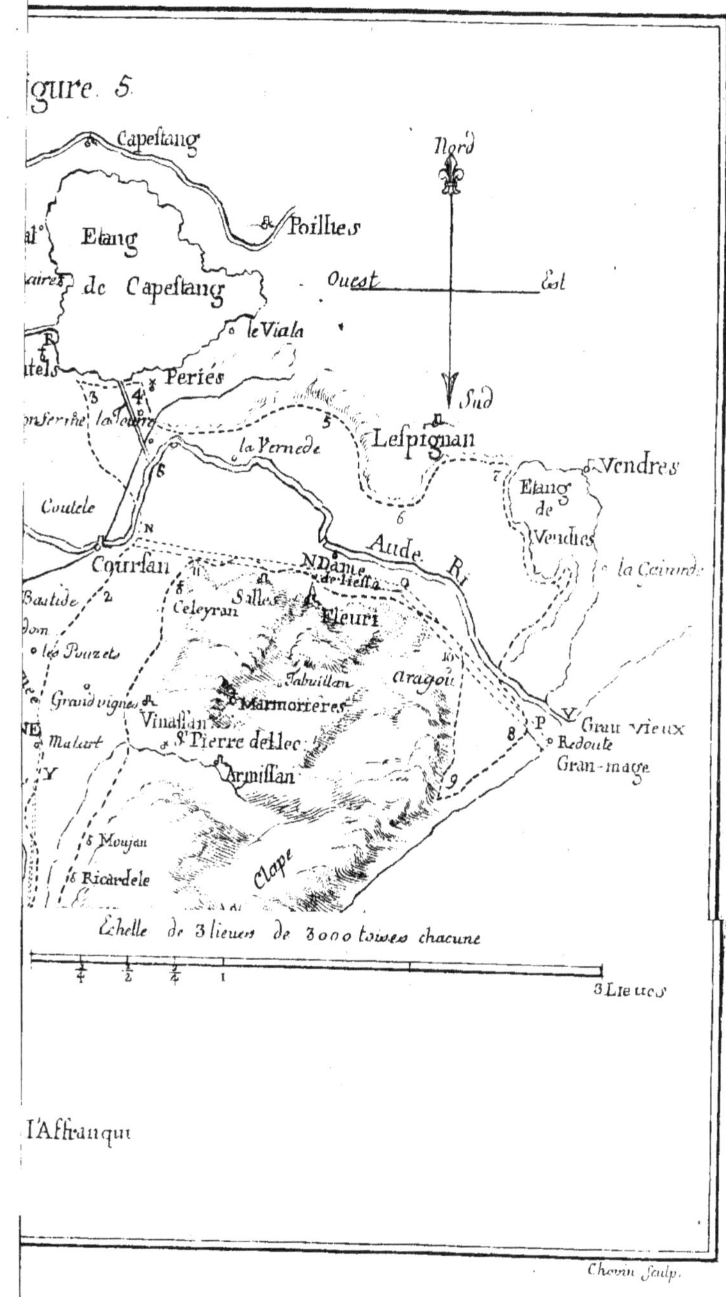

igure. 5
Capestang
Poilhes
Etang de Capestang
le Viala
Periés
Nord
Ouest
Est
Sud
Lespignan
la Vernede
Vendres
Etang de Vendres
Coutele
Coursan
Aude Ri
N Dame de Liesta
Salles
Celeyran
Fleuri
Bastide
les Pouzets
Tabuillan
Aragon
Grand vignes
Marmorieres
Vinassan
St Pierre del Lec
Armissan
Malart
Grau vieux
Redoute
Gran-mage
Moujan
Ricardele
Clape
Échelle de 3 lieues de 3000 toises chacune
3 Lieues
l'Affranqui
Chovin Sculp.

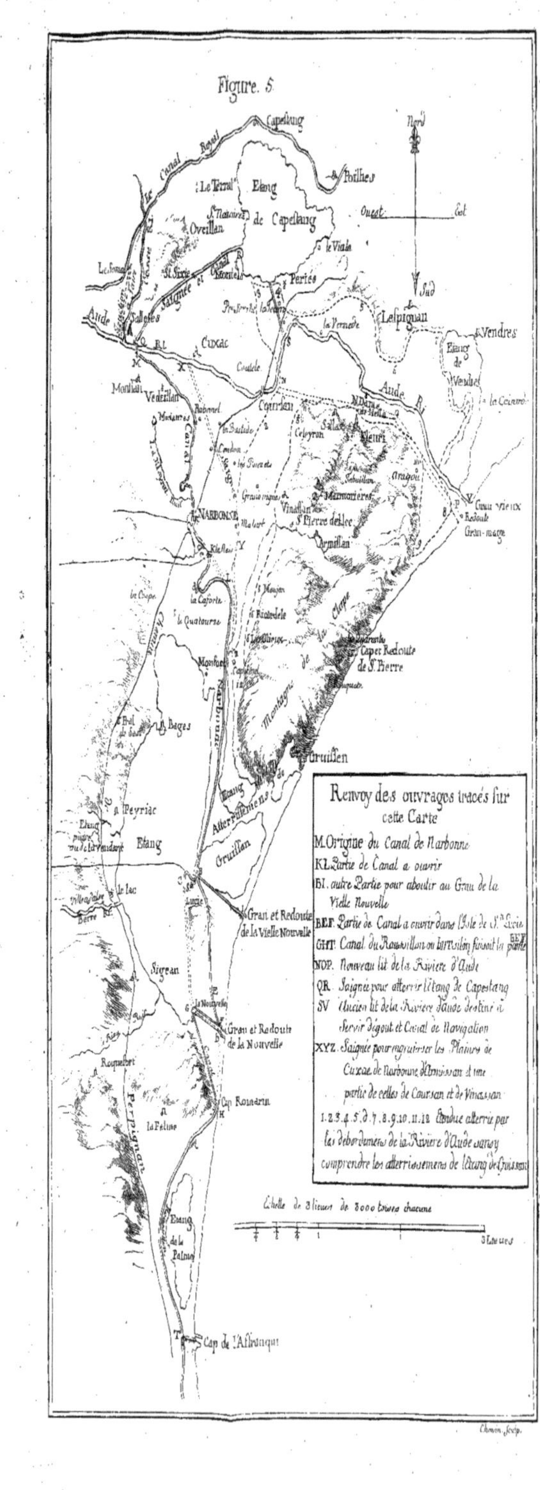

Figure. 5
Capestang
Nord
Ouest
Est
Sud
Poilhes
Etang de Capestang
Oveillan
Aude
Sallelles
Cuxac
Coursan
Lespignan
Vendres
Etang de Vendres
Aude R.
NARBONNE
Marmorieres
Vinassan
S.t Pierre de lLec
Armissan
Grau Vieux
Redoute
Gran-mage
la Caporte
la Quatourse
Montfort
Bages
Peyriac
Etang
Montagne de la Clape
Caper Redoute de S.t Pierre
Gruissen
Atterrissemens de Gruissan
Gran et Redoute de la Vielle Nouvelle
Le Lac
Sigean
La Nouvelle
Gran et Redoute de la Nouvelle
Roquefort
Cap Roumarin
La Palme
Perpignan
Etang de la Palme
Cap de l'Afranqui
Renvoy des ouvrages tracés sur cette Carte
M. Origine du Canal de Narbonne
KL. Partie de Canal a ouvrir
BI. autre Partie pour aboutir au Grau de la Vielle Nouvelle
BEF. Partie de Canal a ouvrir dans l'Isle de S.te Lucie
GHT. Canal du Roussillon ou lartisilon faisoit la partie BEF
NOP. Nouveau lit de la Riviere d'Aude
QR. Saignée pour atterrir l'Etang de Capestang
SV. Ancien lit de la Riviere d'Aude destiné a servir dégout et Canal de Navigation
XYZ. Saignée pour engraisser les Plaines de Cuxac de Narbonne d'Armissan et une partie de celles de Coursan et de Vinassan
1.2.3.4.5.6.7.8.9.10.11.12 Etendue atterrie par les debordemens de la Riviere d'Aude sans y comprendre les atterrissemens de l'Etang de Gruissan
Echelle de 3 lieues de 3000 toises chacune
3 Lieues

www.ingramcontent.com/pod-product-compliance
Ingram Content Group UK Ltd.
Pitfield, Milton Keynes, MK11 3LW, UK
UKHW021532260726
13993UKWH00004B/1954

9 782329 326252